农业标准化生产技术图解丛书

肉牛标准化养殖图解

曲永利 主编

中国农业大学出版社
·北京·

内容简介

全书分为六章，分别为牛肉飘香说“肉牛”、肉牛养殖前的准备工作、肉牛的标准化饲养管理技术、肉牛的育肥技术与高档牛肉生产、常见疫病的防控技术、牛场废弃物的处理，依次围绕相关重点问题展开。本书文字深入浅出，插图趣味十足，精彩内容敬请期待。

图书在版编目（CIP）数据

肉牛标准化养殖图解／曲永利主编. -- 北京：中国农业大学出版社，2015.5

ISBN 978-7-5655-1230-8

Ⅰ. ①肉… Ⅱ. ①曲… Ⅲ. ①肉牛—饲养管理—标准化—图解 Ⅳ. ①S823.9-64

中国版本图书馆 CIP 数据核字 (2015) 第 085527 号

书　名　肉牛标准化养殖图解

作　者　曲永利 主编

策划编辑　赵　中　　责任编辑　王艳欣

封面设计　李虹霖　　责任校对　王晓凤

出版发行　中国农业大学出版社

社　　址　北京市海淀区圆明园西路 2 号　　邮政编码　100193

电　　话　发行部 010-62818525，8625　　读者服务部 010-62732336

编辑部 010-62732617，2618　　出　版　部 010-62733440

网　　址　http：//www.cau.edu.cn/caup　　e-mail　cbsszs@cau.edu.cn

经　　销　新华书店

印　　刷　涿州市星河印刷有限公司

版　　次　2015 年 6 月第 1 版　2015 年 6 月第 1 次印刷

规　　格　880×1230　32 开本　3.75 印张　75 千字

印　　数　1～5000 本

定　　价　20.00 元

编委会

主编　曲永利

编委　马文颖　马可佳　白雅君　张　舫　远程飞
　　　　闵远洋　姜立娜　赵　慧　韩艳艳　雷　杰

前言

随着社会的发展和经济水平的提高，以肉牛专业化生产为主导的产业已经在我国逐渐形成。我国的肉牛生产水平不高，优质肉牛比例小，因此，发展标准化规模养殖刻不容缓。

本书从生产中的实际问题出发，以农民朋友的切身利益为重，用最为通俗易懂的语言和生动有趣的漫画为大家说明肉牛标准化养殖中已经遇到或将会遇到的一系列问题，旨在为农民朋友提供最贴心的帮助。

书中囊括了肉牛标准化养殖中各个时期的典型问题及解决办法，并介绍了相关的技术方法。精简的文字和生动的配图更能帮助农民朋友理解，力求最大限度为广大农民朋友提供便利。

顺应农业技术水平的发展，力求农民朋友的利益最大化，本书的编写工作依此目标展开。由于编者水平及资料有限，尽管极力完善，书中仍有不足，有待改进。敬请广大读者批评指正。

编者

2014 年 7 月

目录

目录

掩埋区

第一章

牛肉飘香说“肉牛”

随着我国经济水平和居民生活水平的提高，牛肉的营养价值逐渐得到了人们的认可。肉牛的专业化养殖生产成为畜牧业的主导产业之一。

牛肉飘香说“肉牛”

牛肉的化学组成和营养价值

牛肉分级与高档牛肉

牛肉分割

肉牛标准化养殖

肉牛品种

1. 牛肉的营养价值有多高？

牛肉的化学组成

牛的胴体

- 肌肉组织（占胴体重的 50% ～ 60%）
- 脂肪组织（占胴体重的 10% ～ 30%）
- 结缔组织（占胴体重的 9% ～ 14%）
- 骨骼组织（占胴体重的 13% ～ 20%）

牛肉的营养价值

蛋白质	全价蛋白，富含人体必需的各种氨基酸，食后消化利用率也较高。
脂肪	提供热量，提供不可替代的人体必需的脂肪酸。
矿物质	含有人体所需的诸种元素，如铁、钾、钠、钙、磷等。
其他	含有多种维生素和叶酸。

2. 高档牛肉是什么样子的？

高档牛肉

肉牛养殖的最终目标 ➡ 经济、高效地生产高档牛肉。

高档牛肉是指按照特定的饲养程序，在规定的时间完成肥育，并经过严格屠宰程序分割到特定部位，肌肉纤维细嫩且肌肉含有一定量脂肪的牛肉。

高档牛肉所带来的经济效益

高档牛肉占牛胴体的比例最高可达 12%，高档和优质牛肉合计占牛胴体的比例可达到 45% ～ 50%。高档优质牛肉售价高，提高高档优质牛肉的产出率可大大提高饲养肉牛的生产效益。

高档牛肉的生产

小红牛肉生产

高档优质分割肉生产

小白牛肉生产

3. 牛肉分级标准是什么？

快来看看人家的肉是怎样分级的吧。记得要以4个项目中最低的一个作为综合评定等级哦。

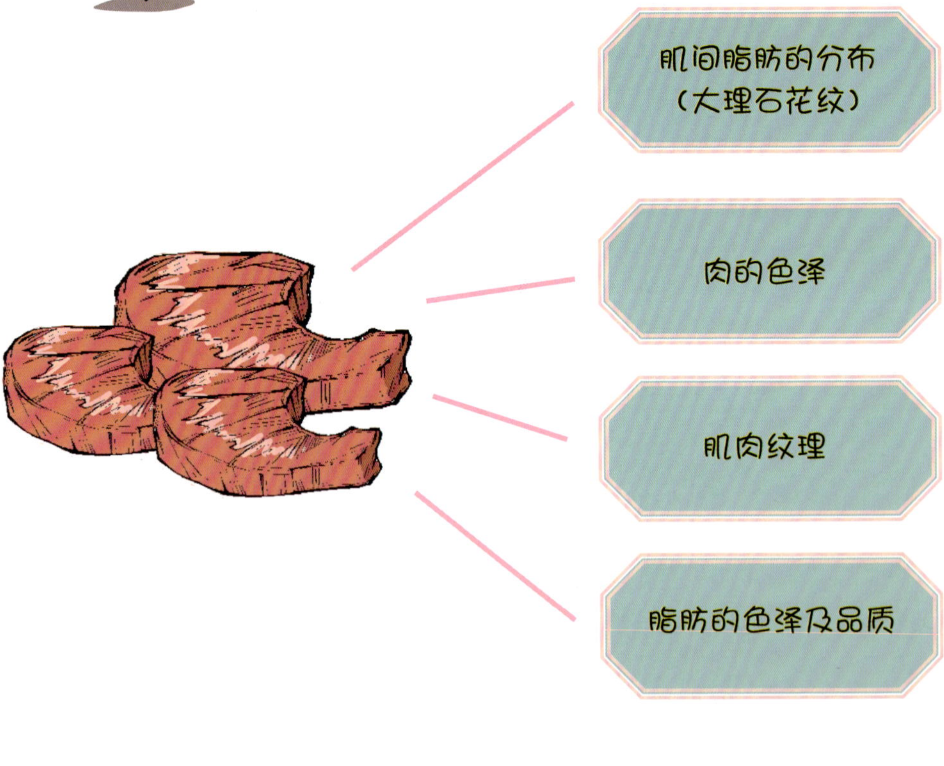
肌间脂肪的分布（大理石花纹）
肉的色泽
肌肉纹理
脂肪的色泽及品质

4. 影响牛肉品质的因素是什么？

肉牛养殖业的环境状况

饲料及饲料添加剂的使用

养殖过程中药物投放及休药期的执行情况

宰杀加工

5．牛肉分割有哪些讲究？

1．前部肉　2．上脑　3．肩肉　4．眼肉　5．带骨腹肉
6．胸肉　7．外脊　8．里脊　9．腹肉　10．后部肉

6. 肉牛的品种有多少？

我国主要的肉牛地方优良品种

秦川牛

秦川牛种公牛

鲁西黄牛

鲁西黄牛种公牛

南阳牛

南阳牛种公牛

延边牛

延边牛种母牛

渤海黑牛

渤海黑牛种公牛

郏县红牛

郏县红牛种母牛

除此之外，还有晋南牛、蒙古牛、皖南牛等优良品种。

引进品种

西门塔尔牛

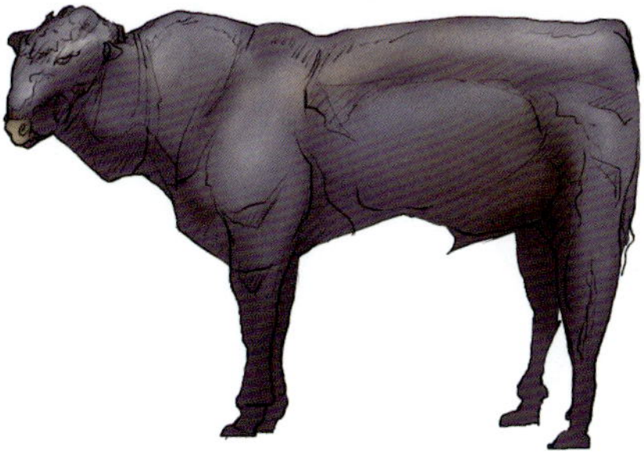

北美西门塔尔牛

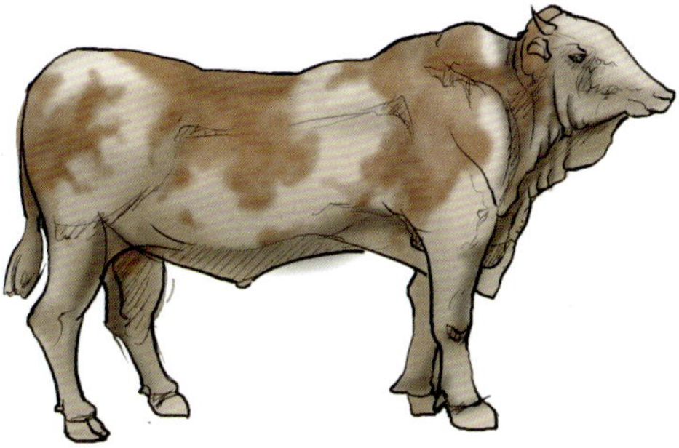

德系西门塔尔牛

夏洛来牛

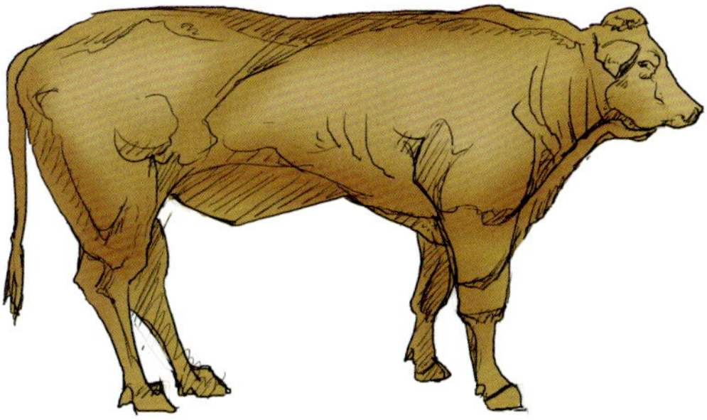

夏洛来牛种公牛

利木赞牛

利木赞牛种公牛

安格斯牛

安格斯牛公牛

瑞士褐牛

瑞士褐牛种公牛

婆罗门牛

婆罗门牛种公牛

引进品种还有海福特牛、弗莱维赫牛、蒙贝利亚牛、皮埃蒙特牛、短角牛、德国黄牛、比利时蓝白花牛、日本和牛、辛布拉牛、墨瑞灰牛、抗旱王牛、圣格鲁迪牛、萨莱斯牛、南德温牛、契安尼娜牛、韩国黄牛等。

我国自主育成的肉牛

新疆褐牛

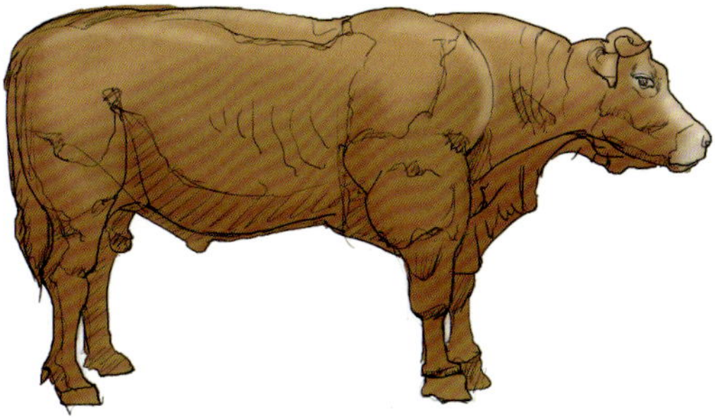

新疆褐牛种公牛

中国西门塔尔牛

中国西门塔尔牛种母牛

夏南牛

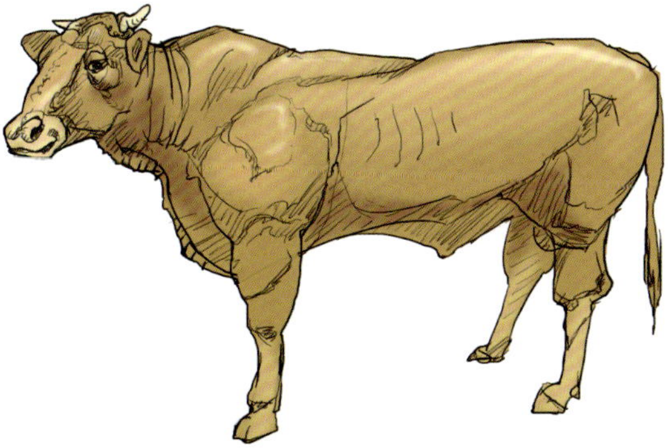

夏南牛种公牛

延黄牛

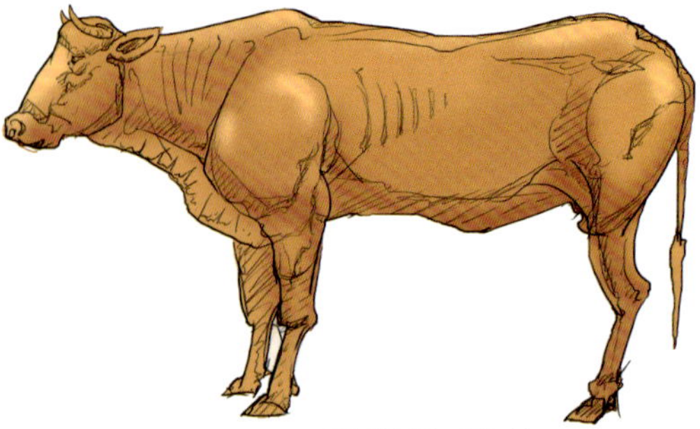

延黄牛母牛

辽育白牛

辽育白牛种公牛

蜀宣花牛

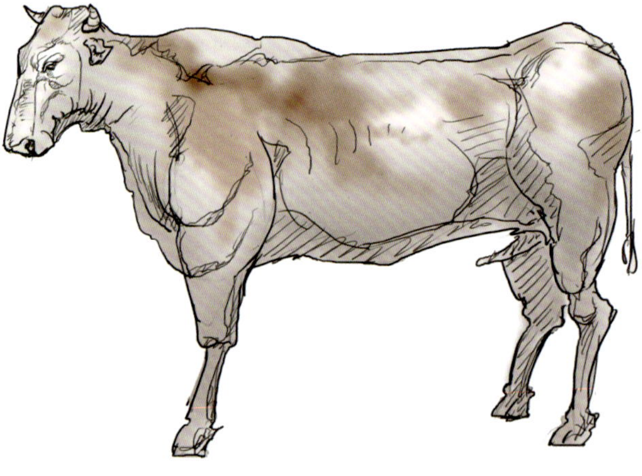

蜀宣花牛种公牛

7. 肉牛标准化养殖是怎么回事？

肉牛的标准化养殖

- 肉牛场设计与建设的标准化
- 肉牛品种与繁育技术的标准化
- 肉牛饲料配制的标准化
- 肉牛饲养管理与育肥技术的标准化
- 肉牛疾病预防与控制技术的标准化

8．您会饲养肉牛吗？

肉牛饲养的几个关键点

- 肉牛养殖前的准备工作
- 肉牛的标准化饲养管理技术
- 肉牛的育肥技术与高档牛肉生产
- 常见的疫病防控技术
- 牛场废弃物的处理

第二章

肉牛养殖前的准备工作

准备工作一：肉牛养殖场的筹建

1. 场址选择在哪里最合适？

地势、地形的关键词

地势高燥

避风向阳

有足够的面积

平坦

地形开阔整齐

发展余地

地下水位低

对土质的要求

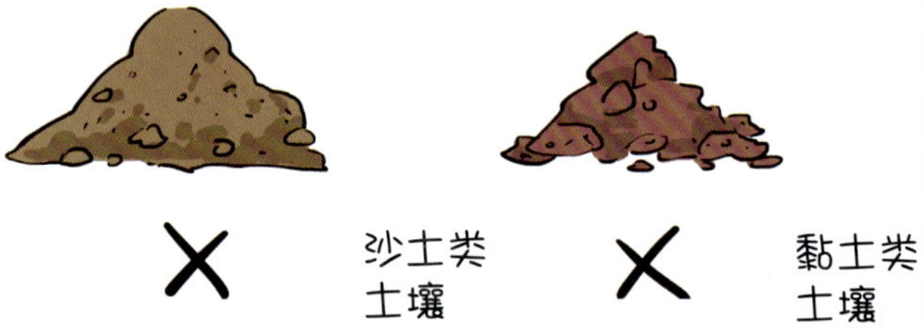

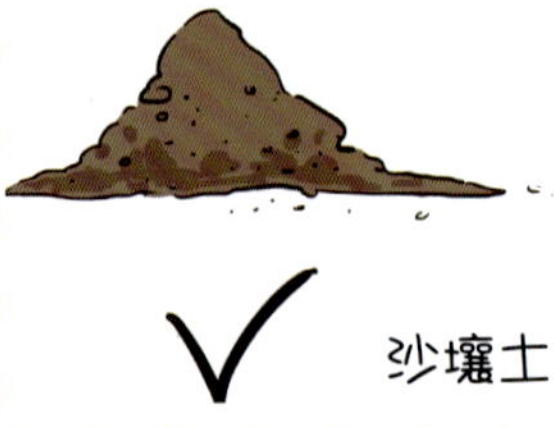

理由：雨后不会泥泞，易于保持适当的干燥，可防止病原菌、寄生虫、蚊蝇等生存和繁殖。

水源

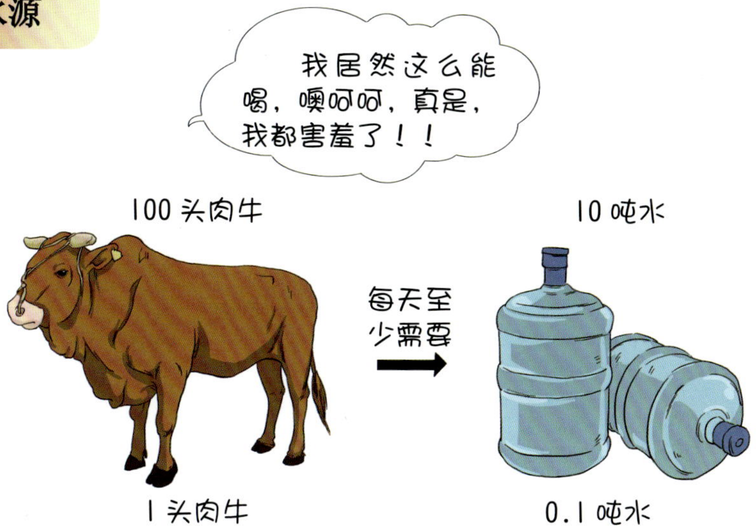

场址应选择在有充足良好水源处，以保证供水，取用方便，且一般在居民区的下风口较好。

周围环境

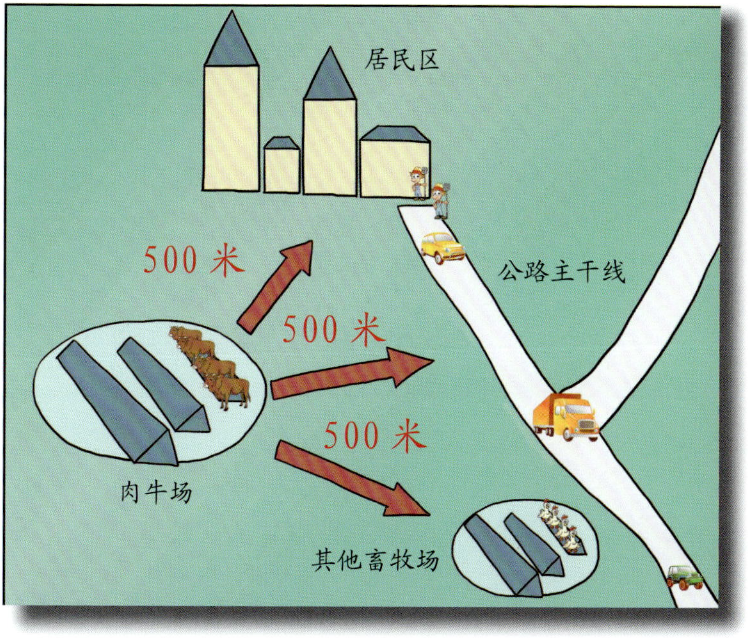

2. 怎样才算规划布局合理？

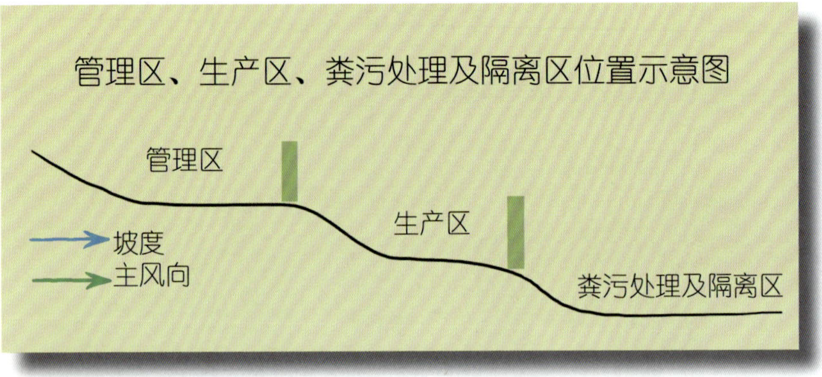

管理区

管理区主要包括行政和技术办公室、宿舍、食堂等，应设在牛场上风处和地势较高地段，并且要与生产区严格分开，还应考虑将其设在与外界联系比较方便的位置。

生产区

生产区是肉牛养殖的主要区域，要与其他区域分隔开，并且需要有200～300米的防疫间距。根据牛群的不同需求，应对牛舍做出合理的安排。

3. 舒适的牛舍怎样建造？

牛舍的类型

按照墙面不同，可将牛舍分为全开放式（敞篷）、半开放式、有窗式和无窗式。

按照屋顶结构不同，可将牛舍分为钟楼式、半钟楼式、双坡式和单坡式。

按照牛只在舍内分布方式的不同，可将牛舍分为单列式、双列式和多列式。

单列式

双列式

牛舍建造要求

母牛舍　　用于饲养母牛的牛舍

母牛舍的建造要注意采食位和卧栏的比例以 1:1 为宜，每头牛占牛舍面积 8 ～ 10 米 ^{2}，运动场面积 20 ～ 25 米 ^{2}。

母牛舍

产房　用于饲养分娩前后母牛的牛舍

产房应注意：通风保暖加垫料。

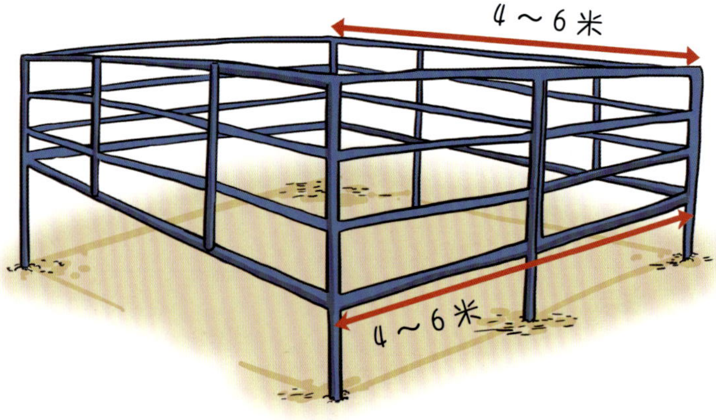

产房产栏

犊牛舍　用于饲养犊牛的牛舍

育成牛舍

用于饲养育成牛的牛舍

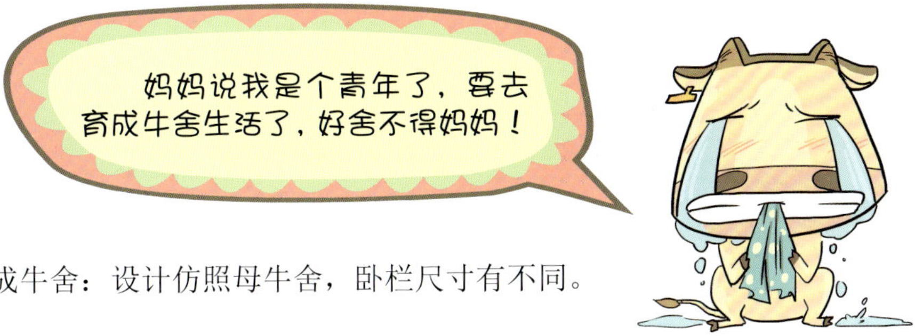

育成牛舍：设计仿照母牛舍，卧栏尺寸有不同。

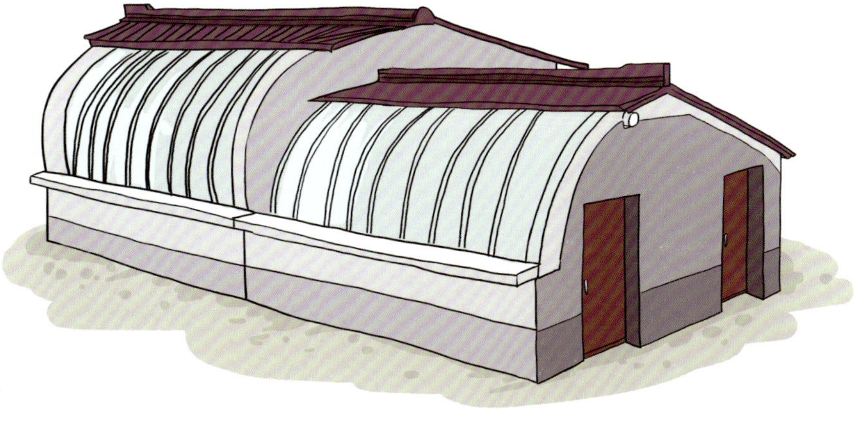

育肥牛舍

用于饲养育肥牛的牛舍

育肥牛舍分为普通和高档，普通可设运动场。

隔离牛舍

对新购入或生病牛只进行观察、诊断、治疗的牛舍

隔离牛舍内通常采用拴系饲养，不设专门卧栏。

牛舍地面

牛舍地面高于舍外 20 ～ 30 毫米，地面坚实并防滑。

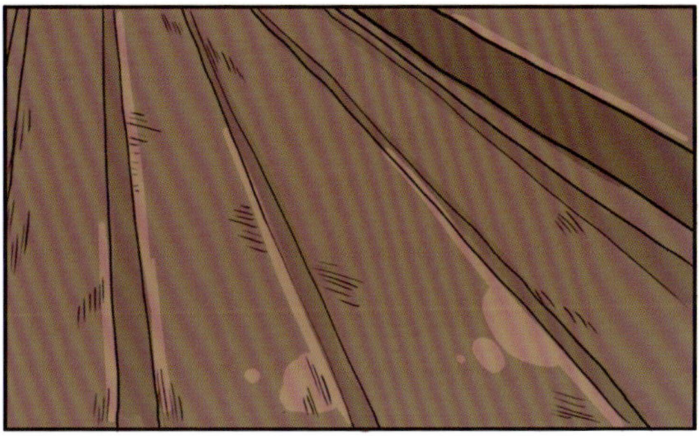

凹凸有致的地面是防滑好帮手。

混凝土拉毛地面：适合行走区域。

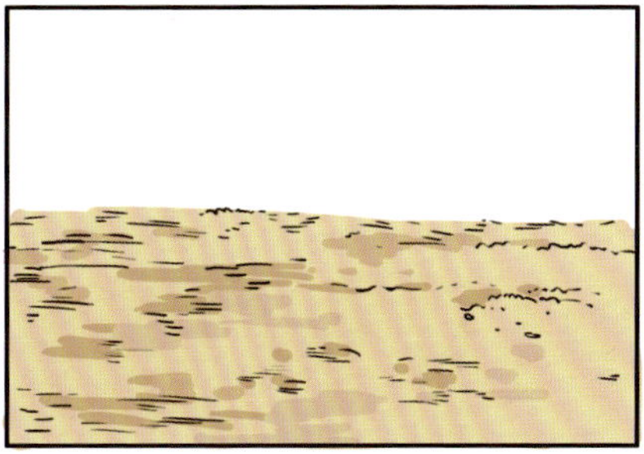

沙土地面：适合躺卧、运动区域。

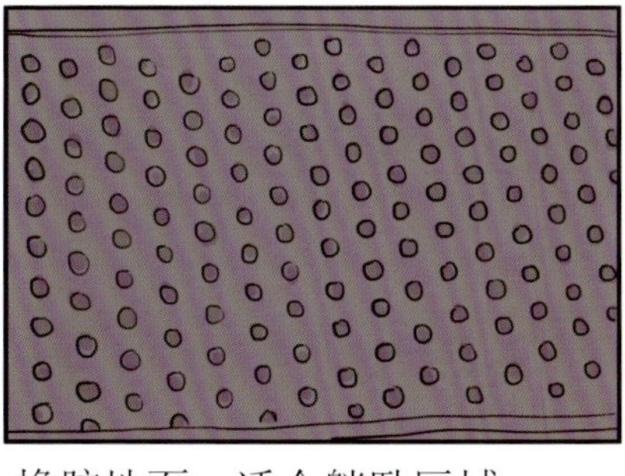

橡胶地面：适合躺卧区域。

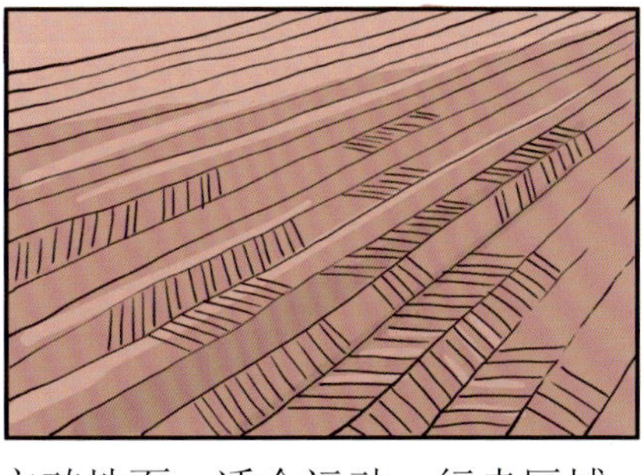

立砖地面：适合运动、行走区域。

4. 完备适用的养殖场设施有哪些？

牛舍设施与设备

卧栏

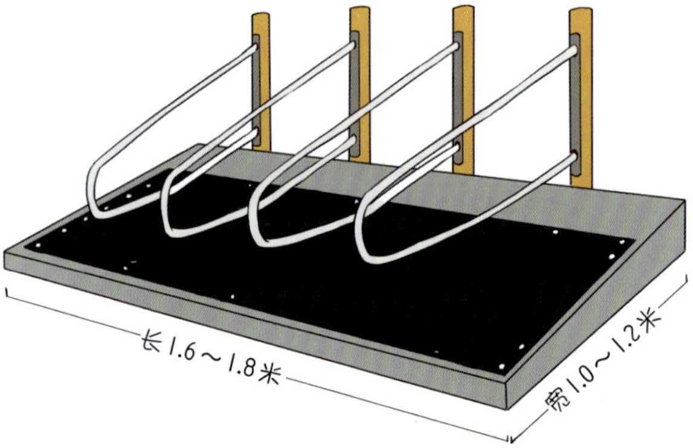

卧栏包括卧床、隔栏、卧床基础和垫料，常用于肉牛良种繁育场，又分散栏式和拴系式。

颈枷

繁殖母牛场可采用自锁式颈枷，肉牛养殖采用柱式颈枷，柱距随肉牛体重而异，一般为0.18～0.25米。

食槽

有饮水设备的牛舍可采用地面食槽，否则采用通常的有帮食槽兼做水槽。地面食槽更有利于机械饲喂。

饲喂通道

饲喂通道位于食槽前，人工喂料时宽度为 1.2 ～ 1.5 米。全混合日粮（TMR）饲喂时宽度为 2.8 ～ 3.6 米。

饮水设备

饮水碗

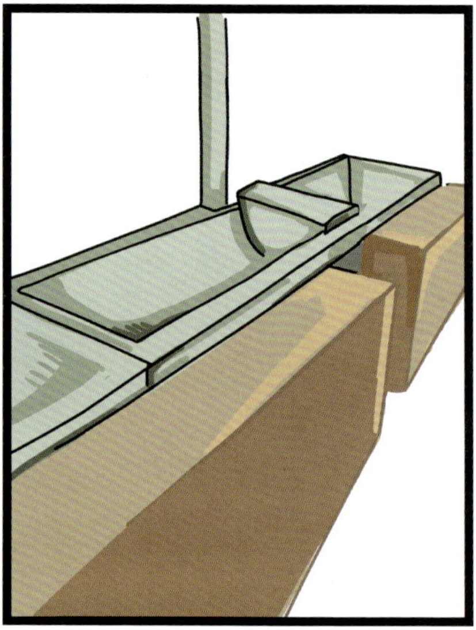

恒温水槽

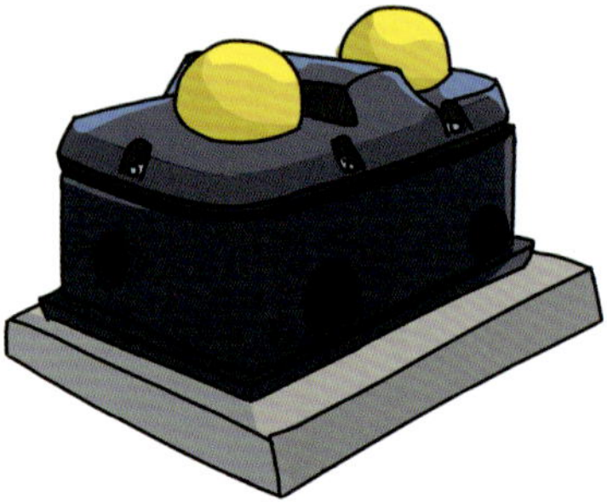

运动场水槽与饮水器

排尿沟

肉牛场配套设施

道路

道路分净道和污道，二者要严格分开。

净道

饲养员行走以及牛群周转、场内饲料运送车辆通行等的专用道路。宽6米。

污道

粪便等废弃物以及淘汰牛出场的道路。宽3米。

干草库

建设规模要依据饲养量而定，一般为开放式结构，风大或多雨处用帘布保护，也可以三面设墙，一面敞开。要注意防火防潮。

精料库

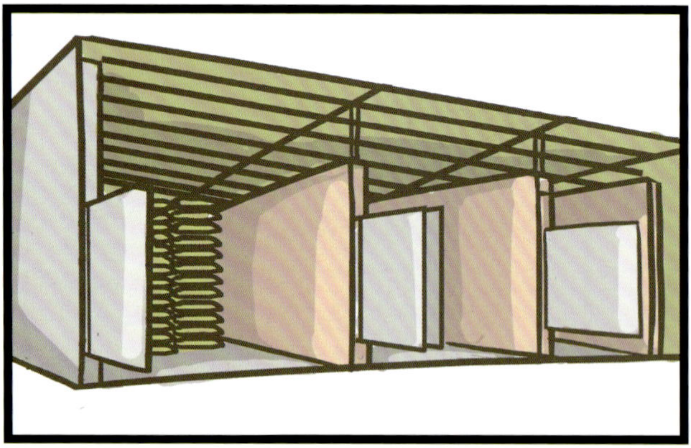

大小由肉牛存栏量和原料储备时间决定，采用单坡屋面，正面开放，地面为水泥地，内设多个隔间，隔间由精料种类决定。注意防潮防鼠。

青贮池

饲料加工搅拌设备

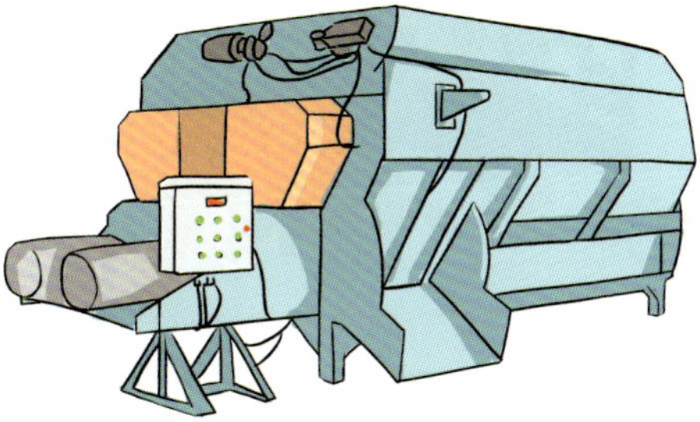

固定式搅拌车

其他设备——称牛秤、水塔、运牛车

称牛秤

水塔

运牛车

准备工作二：肉牛品种选育

1. 为什么要搞肉牛品种的选育？

肉牛品种是肉牛业发展的基础和关键。好的品种可提高群体遗传水平和生产性能。

2. 本品种选择的原则是什么？

保持和发展本品种的特点和优良品质，注意克服缺点。

选种、选配相结合。

保持良好的饲养管理条件。

以本品种内的选择为主，必要时进行适度的导入杂交。

3. 新品种的培育方法有哪些？

肉牛新品种培育是为了克服现有品种的缺点，改良性能。

培育方法

杂交
转基因技术

4. 杂交的方式和方法有哪些？

杂交方式

级进杂交

使用高产品种改造低产品种最常用的方法。

二元经济杂交

即两个品种或两个品系间的杂交，其杂交后代全部用于商品生产。

三元杂交

即三个品种间的杂交。

杂交方法

品种间杂交

一般常见的杂交，主要是品种间杂交。

种间杂交

也叫远缘杂交，即不同种间公母牛的交配。

准备工作三：肉牛的饲料储备

1. 能量饲料有哪些？

谷实类饲料

玉米
小麦
大麦
高粱
燕麦

糠麸类饲料

麸皮
米糠
其他糠麸

薯粉类饲料

甘薯
马铃薯

糖蜜

甘蔗糖蜜
甜菜糖蜜
柑橘糖蜜
淀粉糖蜜

2. 蛋白质饲料有哪几种？

植物性蛋白质饲料：主要包括饼粕类饲料（如大豆饼粕、棉籽饼粕、花生饼粕等）、其他加工副产品（如玉米蛋白粉、豆腐渣、酒糟等）。

单细胞蛋白质饲料：主要包括酵母、真菌及藻类。

非蛋白氮饲料：一般指通过化学合成的尿素、缩二脲、铵盐等。

3. 如何使用矿物质饲料？

矿物质饲料一般指为牛提供食盐、钙源、磷源及微量元素的饲料。

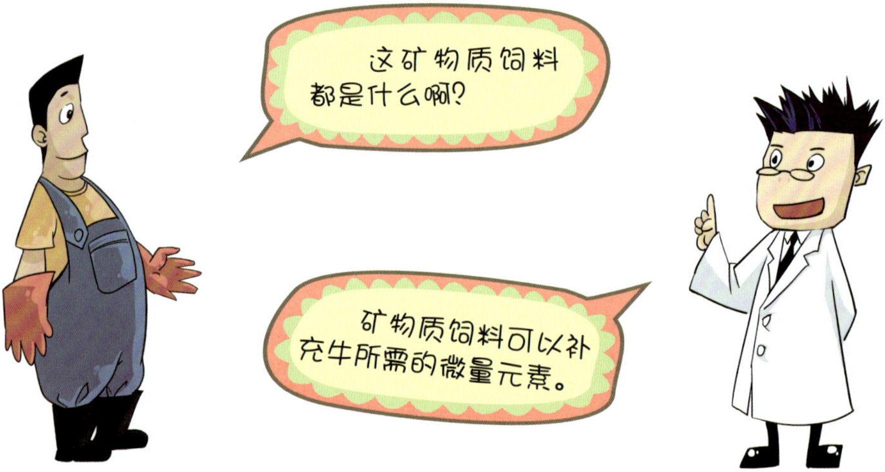

食盐

主要成分是氯化钠，补充植物性饲料中钠和氯的不足，还具有调味的作用，可增加食欲。食盐制成盐砖更适合放牧牛舔食。肉牛喂食量为精料的 1% 左右。

石粉

是廉价的钙源，含钙量为 38% 左右，是补充钙营养最便宜的矿物质饲料。

沸石

可在肉牛精料混合料中添加 4% ～ 6%，能吸附胃肠道有害气体，并能提高牛对饲料养分的利用率，为牛提供多种微量元素。

4. 青绿饲料是什么？

青绿饲料是指天然水分含量较高的植物性饲料，因其富含叶绿素而得名，包括天然草地牧草、栽培牧草、田间杂草、幼枝嫩叶、水生植物及菜叶瓜藤类饲料等。

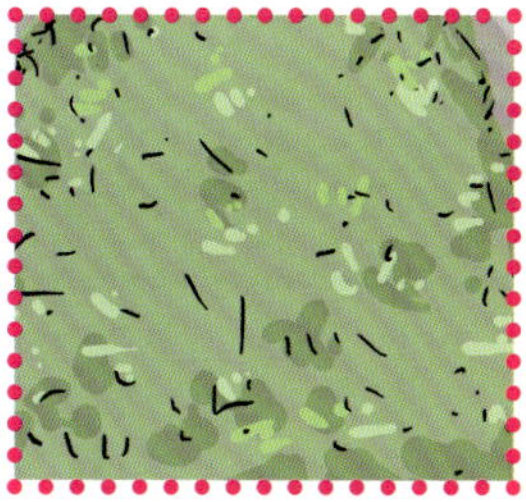

青绿饲料的特点

青绿饲料能较好地被牛利用，且品种齐全，具有来源广、成本低、采集方便、加工简单、营养全面等优点。

含有丰富蛋白质。

富含多种维生素，特别是胡萝卜素。

柔软多汁，纤维素含量较低，适口性好，能刺激牛的食欲。

5. 粗饲料包括哪几类？

粗饲料是指作物籽粒收获后的剩余物和刈割野草、牧草、栽培牧草晒制的干草。

干物质中粗纤维含量在 18% 以上的饲料均属粗饲料。包括青干草、秸秆饲料、秕壳饲料、树叶类。

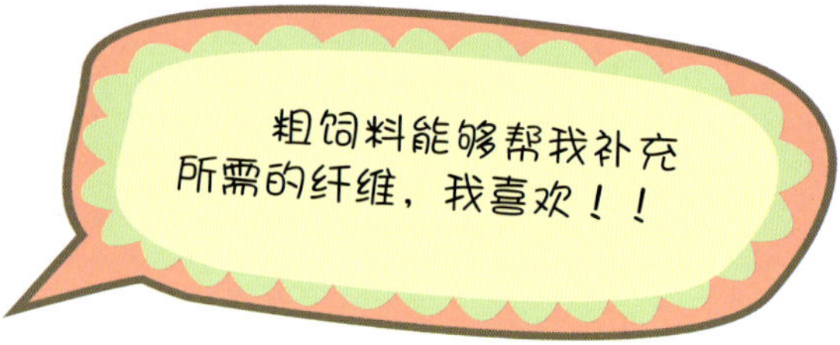

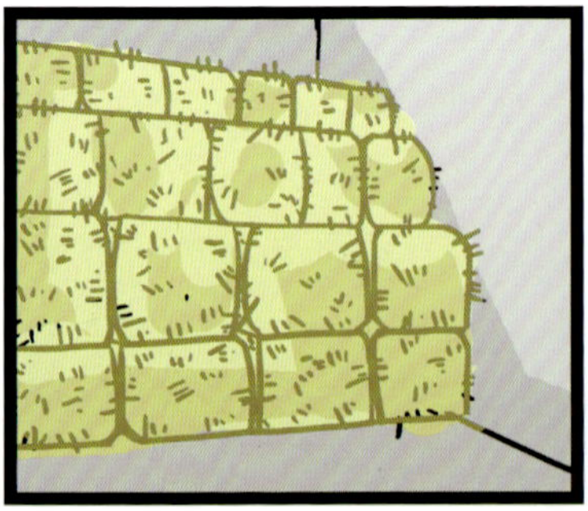

6. 青贮饲料有哪些优势？

青贮饲料

青贮饲料是指将新鲜的青饲料切短装入密封容器内经微生物发酵制成的一类饲料。

常用的包括禾本科类、豆科类、块根块茎类、水生饲料类和树叶类青贮。

青贮饲料的特点

可以最大限度地保持青绿饲料的营养价值。

适口性好且消化率高。

可调剂青绿饲料的供应不平衡。

可净化饲料。

7. 干草怎么变成饲料？

在自然条件下晒制干草，营养物质的损失相当大，干物质的损失约占鲜草的 20%，蛋白质损失约占 30%。采用人工快速干燥法，则营养物质的损失可降低到最低限度，只占鲜草总量的 5% ～ 10%。人工干燥的形式很多，可以归纳为以下三类。

常温通风干燥法

低温烘干法

高温快速干燥法

8. 秸秆如何处理会更加可口？

物理方法

切短

粉碎

制颗粒

碾青

生物学方法

生物学方法又称为微贮，即利用微生物在发酵过程中分解秸秆中的半纤维素、纤维素等，再连同菌体喂牛。

化学方法

碱化法：氢氧化钠处理、石灰液处理。

氨化法：无水液氨处理、氨水氨化处理、尿素氨化处理。

9. 哪些原料可以调制成青贮饲料？

全株玉米青贮

牧草青贮

半干青贮

玉米秸青贮

秧蔓、叶菜类青贮

混合青贮——牧草混合青贮、高水分青贮原料与干饲料混合青贮、糟渣饲料与干饲料青贮。

添加剂青贮——促进乳酸发酵的添加剂、防霉抑制剂、改善营养价值的添加剂。

10. 怎样加工谷物能使其营养更易吸收？

谷物饲料的营养价值和消化率一般都比较高，但种皮、硬壳及内部淀粉粒的结构均影响营养成分的消化吸收和利用。所以，这类饲料在饲喂前必须经过加工调制，以便被动物充分利用。

粉碎

压扁

浸泡

制粒

第三章

肉牛的标准化饲养管理技术

肉牛的标准化饲养管理包括四部分，分别是犊牛、生长牛、育成母牛和繁殖母牛的饲养管理。处于不同发育阶段和不同养殖目的的肉牛饲养技术各不相同，如放养方式、饲料配备以及注意事项等。

肉牛的标准化饲养管理技术

犊牛

- 新生期
- 哺乳期
- 断奶期

生长牛

- 放牧饲养
- 牛舍饲养

育成母牛

- 育成母牛的特殊性
- 育成母牛管理要点

繁殖母牛

- 妊娠期
- 围产期
- 哺乳期
- 肉牛繁殖技术

饲养管理一：犊牛

1. 怎样饲养新生犊牛？

重点

稳步度过新生期，保持呼吸顺畅，吃足初乳，提高免疫力，减少发病。

饲养

出生后尽早吃初乳。若母乳不足或母牛产后死亡，可喂其他健康母牛的初乳或人工初乳。

人工初乳

按每千克常乳加 5 ～ 10 毫升青霉素或等效的其他抗生素、3 个鸡蛋、4 毫升鱼肝油配成，补饲 100 毫升蓖麻油代替初乳的轻泻作用。

管理

犊牛出生后应先清除口鼻部的黏液，让母牛尽快舔干犊牛，或人工辅助擦干犊牛身上的黏液。如遇假死，倒提犊牛，拍打胸部。

出生后 0.5 ～ 1 小时，犊牛可自行站立，应引导犊牛接近母牛乳房寻食母乳，或人工辅助哺喂。

犊牛吃完奶后，应用消毒毛巾擦嘴。

2. 哺乳期犊牛饲养要注意什么？

重点

预防腹泻，促进瘤胃发育。

饲养

哺乳

自然哺乳。若母乳不足，可选用健康、产奶量中下等的产奶牛做保姆牛。犊牛和保姆牛分栏饲养，每日定时哺乳 2 次。无保姆牛时，可人工哺喂 38℃左右的常乳，5 周龄内日喂 3 次，6 周龄以后日喂 2 次。

饮水

尽早饮水。犊牛出生后饮用 36 ～ 37℃的温水；10 日龄后可改饮常温水；1 月龄后设置水槽，任其自由饮用。

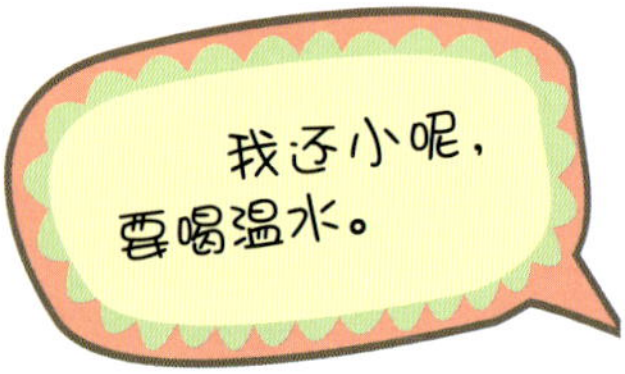

补抗生素

为预防犊牛拉稀，可在牛奶或饲料中补饲抗生素，每头补饲 1 万国际单位的金霉素，30 日龄以后停喂。

管理

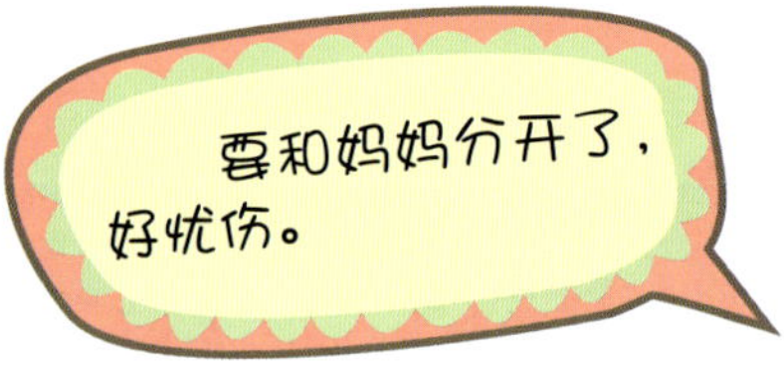

去角

母子分栏

防寒

其他管理规程

3. 断奶期犊牛怎样饲养?

重点

稳步渡过断奶关。

饲养

一般在犊牛每天精料采食量达到 1 千克左右时，便可断奶，以促进其生长发育。精料中的谷物可以玉米为主，燕麦、麸皮等也是很好的饲养原料。

管理

哺乳期长短因目的而异。后备种牛 6 月龄断奶，非放牧牛 2～4 月龄断奶。犊牛断奶后即分群，后备犊牛按性别分群以防早配。育肥公牛如用于生产高档牛肉，应尽早去势。普通育肥牛不需去势。

饲养管理二：生长牛

1. 生长牛如何放牧饲养？

生长牛是指断奶到育肥前的牛。放牧方式成本最低，牛体质最好。放牧牛要解决饮水问题，每天应饮水 2 ～ 3 次。放牧牛群组成数量可因地制宜，水草丰盛则大，牧草稀疏则少。

2. 舍饲生长牛要注意什么？

平均每头舍饲牛占用的场地应为 10 ～ 20 米^2，以利于健康发育。采用散放式方法饲养，使牛自由采食粗饲料，以增加进食量。补料时，要拴住强牛，使强弱牛都能吃到一定的精饲料。

8 月龄以内的幼牛，应采用质量较好的日粮。粗料以青草、青贮料、青干草等为主。若喂秸秆，则要进行加工调制。精饲料喂量随粗饲料的品质而异，一般为 1.5 ～ 3.0 千克。

周岁以后可按成年牛的日粮饲喂。但日粮中必须含有充足的胡萝卜素或维生素 A。

食盐及矿物质包括微量元素一般通过“舔砖”来解决。

加强运动

在舍饲条件下，育成牛每天应至少有 2 小时的运动。母牛一般采取自由运动；在放牧的条件下，运动时间一般足够。规模场的舍饲牛，要有一定的运动场所和时间，每天至少要有 4 小时的自由运动时间，以保障健康。

刷拭和调教

为了保持牛体清洁、促进皮肤代谢和养成温顺的气质，育成牛每天应刷拭 1 ～ 2 次，每次 5 ～ 10 分钟。

制定生长计划

根据肉牛不同品种和年龄的生长发育特点及饲草、饲料供应状况，确定不同日龄的日增重幅度，制定出生长计划。

育成母牛的初次配种

育成母牛的初次配种，应根据母牛的年龄和发育情况而定。一般 18 月龄初配，或达成年体重 70% 时才开始初配。

放牧管理

采用放牧饲养时，要严格把公牛分出单放，以避免偷配而影响牛群质量。对周岁内的小牛宜近牧或放牧于较好的草地上。冬、春季应采用舍饲。

饲养管理四：繁殖母牛

1. 怎样鉴定母牛性成熟？

外部观察法

进入发情期的母牛，经常有公牛或母牛爬跨，发情母牛愿意接受爬跨，阴道流出透明黏液，阴门明显肿胀、发亮，开口较大。

阴道检查法

阴道检查法是用阴道开张器来观察阴道黏膜、分泌物和子宫颈口的变化来判断发情与否。发情母牛阴道黏膜充血潮红，表面光滑湿润。

直肠检查法

通过将手伸进母牛直肠内，隔着直肠壁触摸卵巢上的卵泡发育程度。母牛在发情时，可以触摸到突出于卵巢表面并有波动的卵泡。根据触诊卵泡发育情况，确定最佳配种时期。

试情法

一种是将结扎输精管的公牛放入母牛群中，日间放在牛群中试情，夜间公牛分出，根据公牛追逐爬跨情况以及母牛接受爬跨的程度来判断母牛的发情情况；另一种是将试情公牛接近母牛，如母牛喜欢靠近公牛，并作弯腰弓背姿势，表示可能发情。

2. 同期发情可以实现吗？

对母牛发情周期进行同期化处理的方法称为同期发情或同步发情。

这是一种新的先进的繁殖技术。它是利用某些技术人为地控制和调控一群母牛发情周期的进程，使之在预定的时间内集中发情，以便有计划地合理地组织配种、胚胎移植等繁殖活动。

前列腺素法

子宫颈内注入法
肌肉注射

孕激素制剂法

孕激素埋植法
孕激素阴道栓塞法

孕激素与前列腺素结合法

3. 人工授精要怎么做？

人工授精

是以人为的方法利用器械采集公畜的精液，经检查和处理后，再用器械将精液注入到发情母畜的生殖道内，达到妊娠的目的，以此来代替公母畜自然交配的一种科学配种方法。

人工授精的基本技术环节

包括公畜的采精，精液品质检查，精液的稀释、保存、运输，冷冻精液的解冻与检查，输精等。

输精方法

阴道开张器输精法
直肠把握子宫颈输精法
子宫角内深部输精法

4. 如何做好妊娠母牛的保胎工作？

妊娠前期和中期（从受胎到妊娠 26 周）要满足胎儿发育和维持母牛自身健康的矿物元素和维生素需要。妊娠前期和中期，一般按空怀母牛进行饲养，以优质干草、青草、青贮饲料和牧草为主要饲料，精料少喂。

妊娠后期（妊娠 27 ～ 38 周）母牛应做到单独组群饲养，避免撞击腹部，雨天不要放牧。不喂霜、冻、变质饲料，不饮带冰碴的水。吃饱饮足后不驱赶，每天让其活动 3 ～ 4 小时。

5. 围产前期的饲养要格外注意什么？

围产前期（产前半个月至分娩）

产前半个月，将母牛移入产房，由专人饲养和看护，发现临产征兆，估计分娩时间，准备接产工作。母牛在分娩前1～3天，食欲低下，消化机能较弱，此时要精心调配饲料，精料最好调制成粥状，特别要保证充足的饮水。

第四章

肉牛的育肥技术与高档牛肉生产

肉牛的育肥过程直接关系到牛肉产品的质量。育肥技术的核心是利用肉牛生长发育的基本规律，充分发挥肉牛的生长发育和囤肥潜力。而肉牛养殖的最终目标和大方向是经济、高效地生产优质的高档牛肉。

肉牛的育肥技术与高档牛肉生产

高档牛肉生产

- 高档牛肉简介
- 小牛肉生产
- 白牛肉生产

生产技术一：肉牛的育肥技术

1. 肉牛的育肥受哪些因素影响？

遗传因素

生物因素

年龄因素
性别因素

环境因素

饲养水平和营养状况

粗精饲料的比例
营养水平
饲料添加剂
饲料形状

环境温度（7～27℃）

饲养管理因素

2. 肉牛育肥前要做哪些准备?

育肥前需要有一段适应期，对入场牛进行隔离观察饲养，注意牛的精神状态、采食及粪尿情况，如发现异常，要及时诊治。适应期一般 15 ～ 20 天，最低应有 15 天的过渡期。

饮水

新引入的牛第 1 次饮水应限制水量，不宜暴饮，每头牛供给人工盐 100 克，3 ～ 4 小时后可自由饮水。

饲喂

牛饮水后，即可喂食干草。第 1 天应限量饲喂，逐渐加量，5 ～ 6 天后才能让其自由充分采食。青贮料从第 2 ～ 3 天起饲喂，精料从第 5 ～ 7 天起饲喂。

驱虫

驱虫可在牛入场的第 5 ～ 6 天进行，一般选用阿维菌素。驱虫 3 天后，每头牛口服健胃散 350 ～ 400 克。

分群

适应期结束时，按牛年龄、品种、体重分群，以使育肥达到更好的效果。

3. 什么是肉牛育肥饲养的“五定”？

定时——定时饲喂。
定量——每天的喂量不能随意增减。
定人——每头牛的饲喂等日常管理要固定专人。
定刷拭——每天上、下午定时给牛体刷拭一次。
定期称重——适应期和育肥期都要定期称重。

4. 肉牛育肥“五看”都看什么？

看反刍
看采食
看饮水
看粪尿
看精神状态

5. 肉牛育肥要注意哪“五净”？

牛体净

草料净

圈舍净

饲槽净

饮水净

6. 可以从哪些方面选择育肥的肉牛？

品种选择

品种选择总的原则是基于我国目前的市场条件，以生产产品的类型、可利用饲料资源状况和饲养技术水平为出发点。育肥牛应选择生产性能高的肉用型品种牛。

年龄选择

育肥牛的年龄选择主要应根据生产条件、投资能力和产品销售渠道考虑。目前牛的育肥大多选择在 2 岁以内，最迟也不超过 36 月龄。

体型外貌选择

体型外貌是体躯结构的外部表现，在一定程度上反映牛的生产性能。

避免选择有如下缺点的牛：头粗而平，颈细长，胸窄，前胸松弛，背线凸，严重斜尻，后腿不丰满，中腹下垂，后腹上收，四肢弯曲无力，“O”形腿和“X”形腿，站立不正等。

7. 肉牛育肥有哪些方法和技术？

持续育肥

持续育肥是指犊牛断奶后，立即转入育肥阶段进行育肥，直到出栏。

- 放牧育肥
- 舍饲育肥
- 半舍饲半放牧育肥

架子牛育肥

架子牛育肥是指将牧区未经育肥的架子牛（体重 300 千克以上）转移到精料条件较好的农区及城郊地区进行育肥。

- 微贮秸秆舍饲育肥
- 高能日粮强度育肥
- 青贮料舍饲育肥
- 糟渣类农副产品育肥
- 放牧及放牧加补饲育肥
- 秸秆和氨化秸秆舍饲育肥

8. 肉牛的出栏标准是什么？

采食量

肉牛对饲料的采食量与其体重有关

绝对采食量随着育肥期延长而增加，出现采食量下降的势头，说明即将到达育肥结束期。采食量下降为正常采食量的 1/3 或更少时，应该结束育肥；或者按活重计算，即日采食量（干物质）下降至只有活重的 1% ～ 1.5% 或更少时，应结束育肥。

育肥度指数

利用活牛体重和体高的比例关系来判断

研究认为，阉牛的育肥指数以 526 为佳，公牛的育肥指数以 475 为佳。

外型体貌

利用肉牛各个部位脂肪沉积程度进行确定

当皮下、胸垂部的脂肪量较多，肋腹部、坐骨端、腰角部沉积的脂肪较厚实时，即已达到育肥结束期。

牛肉市场

如果牛的育肥已有一段较长的时间，或接近预定的育肥结束期，而又赶上节假日牛肉旺销、价格较高，可果断地结束育肥，以获取较好的经济效益。

生产技术二：高档牛肉生产

1. 高档优质牛肉是如何生产的？

高档优质牛肉生产，是指利用精挑细选的育肥架子牛，通过调整饲养过程和阶段，强化育肥饲养管理来生产高档优质牛肉的技术。

高档牛肉生产分三阶段实施

以增加体重为目标的培育期（12 月龄前）
以体重和脂肪沉积同时增加为目标的快速生长期（12 月龄至 24 月龄前）
以脂肪沉积为目标的肉质修饰期（24 ～ 30 月龄）

生产高档牛肉的基本要求

性别选择
品种选择
年龄选择
强度育肥
屠宰加工

2. 您知道小牛肉生产技术吗？

小牛肉是犊牛出生后饲养至 1 周岁之内屠宰所产的牛肉。

牛种选择

犊牛性别和体重

小牛肉生产指标

牛龄选择

育肥精料与饲养要点

3. 白牛肉又是如何生产的？

白牛肉也叫小白牛肉，是指犊牛出生后 14 ～ 16 周龄内完全用全乳、脱脂乳或代用乳饲喂，使其体重达到 95 ～ 125 千克屠宰后所产的肉。

犊牛选择

犊牛选择时，要选优良的肉用品种、乳用品种、兼用品种或杂交种牛犊。初生重要求在 38 ～ 45 千克，生长发育要快，3 月龄前的平均日增重必须超过 0.7 千克。犊牛身体要健康，消化吸收机能强。性别最好选择公牛犊。

饲养管理

犊牛生后 1 周内，要吃足初乳；出生 3 天以上，应与其母亲牛分开，并实行人工哺乳，每天需哺喂 3 次。管理上应严格控制乳液中的含铁量，强迫犊牛在缺铁条件下生长，这是小白牛肉生产的关键技术。

第五章

常见疫病的防控技术

肉牛的疫病严重影响养殖进程，造成经济损失。肉牛的常见疫病主要可分为五种，即传染病、寄生虫、内科病、外科损伤和营养代谢病。本章详细介绍了各类疾病的病因、症状以及防治措施等方面知识。

常见疫病的防控技术

- 传染病
  - 口蹄疫
  - 流行热
  - 疯牛病
  - 布氏杆菌病
  - 结核
- 寄生虫
  - 线虫
  - 皮蝇蛆
  - 螨虫
- 内科病
  - 瘤胃臌胀
  - 前胃弛缓
  - 创伤性网胃炎、心包炎
  - 瓣胃积食
  - 异食、舔病
- 外科损伤
  - 脓肿
  - 创伤
- 营养代谢病
  - 维生素 A 缺乏
  - 镁缺乏
  - 硒和维生素 E 缺乏

疫病防控技术一：传染病

1. 谈之色变的“口蹄疫”

口蹄疫俗称“口疮”、“蹄癀”，是由口蹄疫病毒引起的一种人和偶蹄动物的急性、热性、高度接触性传染病。主要临床症状特征表现在口腔黏膜、唇、蹄部和乳房皮肤发生水疱和溃烂。

病因：由口蹄疫病毒引起。

防治：一般情况下，口蹄疫不允许治疗，必须严格执行我国《口蹄疫防治技术规范》规定的处理措施，扑杀病牛，并对尸体进行无害化处理。只有在能做到严格隔离保证不散毒的前提下，才能进行治疗以减少经济损失。对于受到威胁的健康牛，要接种疫苗。

2. 肉牛也会感冒——流行热

牛流行热通称牛流行性感冒，又称三日热或暂时热，是牛的一种急性、热性、高度接触性传染病。临床特征表现为：突发高热、流泪、流涎、呼吸促迫、四肢关节障碍及精神抑郁。

病因：由流行热病毒引起。

防治：本病多为良性经过，应对症治疗及加强护理，如解热、补糖、补液等，数日后可恢复。严重病例，在加强护理的同时，应采取解热、消炎、强心等。对于受到威胁的健康牛，用高免血清紧急治疗，防止吸血虫叮咬。

3. 疯牛病是牛疯了么?

疯牛病即牛海绵状脑病，是由朊病毒引起的病，以行动异常、运动失调、轻瘫、脑灰质海绵状形成和神经元空泡形成为特征。

病因：由类似痒病毒的一种朊病毒引起，该病毒分布于病牛脑、颈部脊髓、脊髓末端和视网膜等处。

防治：无特效疗法，应以预防为主，严禁饲喂肉骨粉等动物性饲料，引种时应特别注意，严格检疫。

4. 流产也能传染——布氏杆菌病

布氏杆菌病也称传染性流产，是由布氏杆菌引起的人畜共患的一种接触性传染病，特征为流产和不孕。

5. 得了结核怎么办？

结核病是由结核分支杆菌引起的人畜共患的一种慢性传染病。特征是在机体组织中形成结核结节性肉芽肿和干酪样、钙化的坏死病变。

病因：本病由结核分支杆菌引起，病菌分三型：牛型、人型、禽型。

防治：一旦发现病牛，立即隔离，待检验结果出来后即对阳性牛进行扑杀和无害化处理；非阳性牛用链霉素和异烟肼联合治疗。应采取严格的检疫、隔离、消毒措施，加强饲养管理。

疫病防控技术二：寄生虫

1. 消化不好，可能是胃肠线虫病

胃肠线虫病是牛、羊等反刍动物的多发性寄生虫病，在皱胃及肠道内，经常见到的有血矛线虫、仰口属线虫、食道口线虫、毛首属线虫寄生，并可引起不同程度的肠胃炎、消化机能障碍，患畜消瘦、贫血，严重者可造成畜群的大批死亡。

病因：血矛线虫、仰口属线虫、食道口线虫、毛首属线虫。

治疗：噻苯咪唑、左旋咪唑。

预防：在线虫易感地区，每年春季放牧前和秋季收牧后分别进行 1 次驱虫。可用左旋咪唑肌肉或皮下注射，较方便。平时注意粪便堆积发酵处理，以杀死虫卵及幼虫。保持牧场、圈舍等处环境与饮水清洁。

2. 都是皮蝇惹的祸——皮蝇蛆病

皮蝇蛆病是慢性牛皮肤寄生虫病，在我国被列为牛的三类疫病。

病因：病原体为牛皮蝇及蚊皮蝇两种蝇的幼虫（蛆）。

治疗：手挤出幼虫处死，伤口涂碘酊。用皮蝇磷，一次内服量 100 毫克 / 千克体重或每天内服 15 ～ 25 毫克 / 千克体重，连用 6 ～ 7 天，能有效杀死各期牛皮蝇蛆。或用伊维菌素，每次 0.2 毫克 / 千克体重，皮下注射，7 天 1 次，连用 2 次。

预防：每年 5 ～ 7 月份，每隔半个月向牛体喷洒 0.005% 溴氰菊酯（倍特），防止皮蝇产卵；11 ～ 12 月份，臀部肌肉注射倍硫磷。

3. 奇痒难忍受，螨虫乐开花

螨病又称疥癣病、癞皮病，是牛的一种皮肤寄生虫病。

病因：病原是螨虫，又叫疥虫，主要有两种：穿孔疥虫（疥螨）、吸吮疥虫（痒螨）。

治疗：可选用伊维菌素（害获灭）、阿维菌素（虫克星）或溴氰菊酯（倍特），也可进行药浴。

预防：流行地区每年定时药浴，加强检疫工作，保持牛舍卫生、干燥和通风，定期清扫消毒。

2. 缺镁会引起青草搐搦

青草搐搦，又称牧草搐搦，临床上以神经性症状为主，表现为兴奋、痉挛。

病因：本病与牧草有关，主要是由于牧草中缺乏镁元素所致，膘情好、食欲好的牛易得。

治疗：25%硫酸镁注射液，每次每千克体重0.2克，用等渗糖稀释成1%浓度的镁溶液，与10%葡萄糖酸钙注射液600～1 000毫升混合后，静脉滴注，每日一次。对于重症病例，每日另外皮下注射25%硫酸镁注射液100～200毫升。个别病牛，静脉滴注镁溶液时，出现呼吸抑制等中毒现象时，可用5%氯化钙注射液100毫升，静脉注射解救。

预防：在缺镁地区，要多施镁肥，改良牧草的含镁成分，在放牧前用2%硫酸镁溶液喷洒牧草，可以提高饲草中镁的含量，还可在饮水和日粮中添加氧化镁或硫酸镁。

3. 牛儿长得好，硒和维生素E不能少

硒缺乏症是由于微量元素硒的缺乏或不足而引起器官或组织变性、坏死的一类疾病。

维生素E是含不同比例的 α、β、γ、δ-生育酚以及其他生育酚的一种混合物，其中，α-生育酚的生物活性最高，**维生素E缺乏**主要引起幼畜的肌营养不良。二者共同缺乏引起**硒-维生素E缺乏症**。

病因：由于低硒环境影响饲草、饲料，从而造成动物体缺乏硒。维生素E缺乏是由于长期饲喂缺乏维生素E的日粮所致。

治疗：0.1%的亚硒酸钠注射液，皮下或肌肉注射，每次5～10毫升，隔10～20天重复一次。同时配合肌肉注射维生素E 300～500毫克。

预防：加强饲养管理，喂给富含维生素E和微量元素硒的饲草和饲料，可外加小麦胚油或麦片、小麦麸或 α-生育酚。硒必须适量补充，过量可导致中毒。

第六章

牛场废弃物的处理

牛场废弃物可对环境造成严重污染，影响人畜的健康和畜牧生产。对于废弃物的科学处理在标准化养殖过程中也是不可忽视的重要一环，其中包括对病、死牛的处理和粪污的无害化处理，以及对场舍的消毒。这些措施得当，才能保证牛舍环境合适，并且对自然环境友好。

牛场废弃物的处理

废弃物简介

死牛处理

场舍消毒

粪污无害化

1. 牛场废弃物有哪些？

污水

固体粪便

2. 牛场废弃物的危害在哪里?

产生恶臭

污染水体

污染土壤

3. 牛场废弃物如何加工再利用？

固体粪便可加工成有机肥、复合肥，发酵成沼气。

污水可加工液肥、沼气。

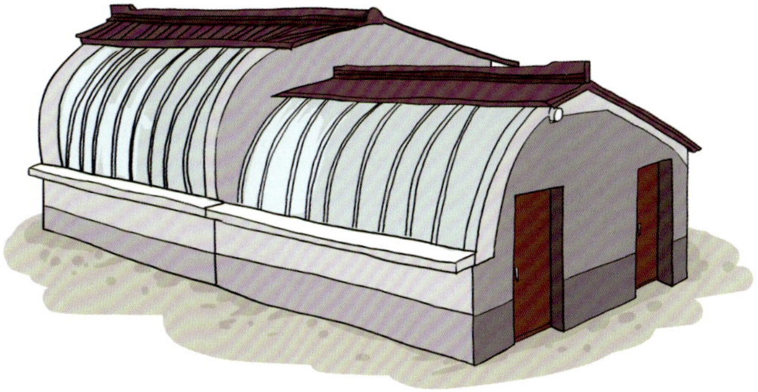

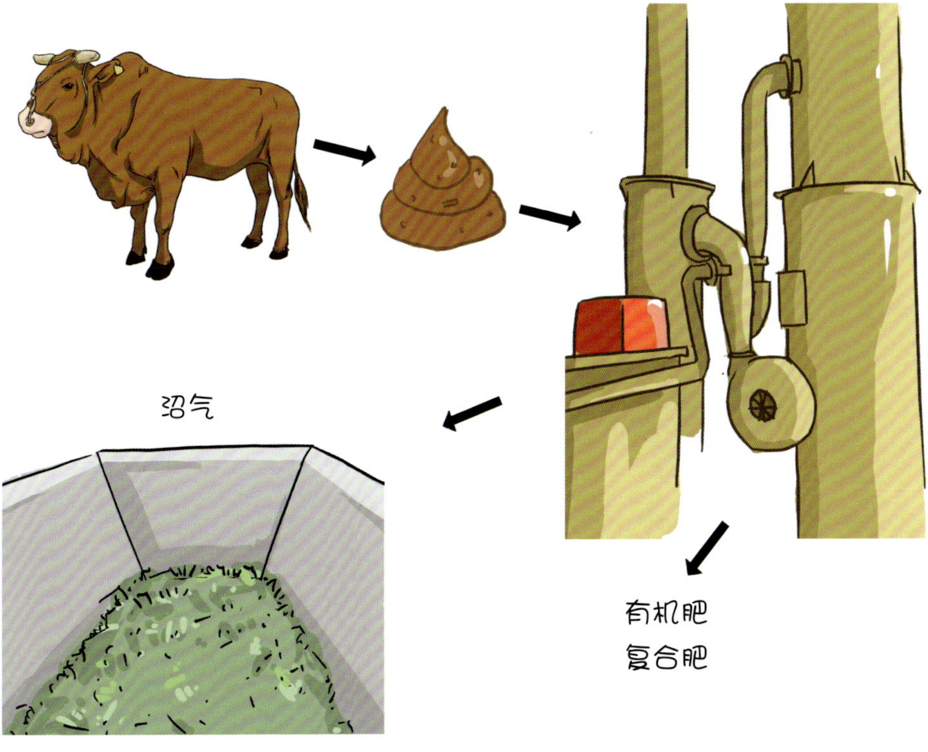

4. 死牛怎样处理？

深埋

选择离牛场 100 米之外的无人区，在土质干燥、地势高、地下水位低的地方挖坑，坑的深度应保证被掩埋物的上层距地表 1.5 米以上。

掩埋前，对被掩埋物实施焚烧处理。掩埋坑底铺 2 厘米厚生石灰；焚烧后的被掩埋物表面以及掩埋后的环境要进行消毒，掩埋地点顶部较周围高出 20 ～ 30 厘米。填土不要太实。掩埋后应设立明显标记。

焚化

疫区附近有大型焚尸炉的，可采用焚化的方式。

5. 粪污的无害化处理有哪些高招？

固体粪便的处理

腐熟堆肥处理

沼气发酵

其他

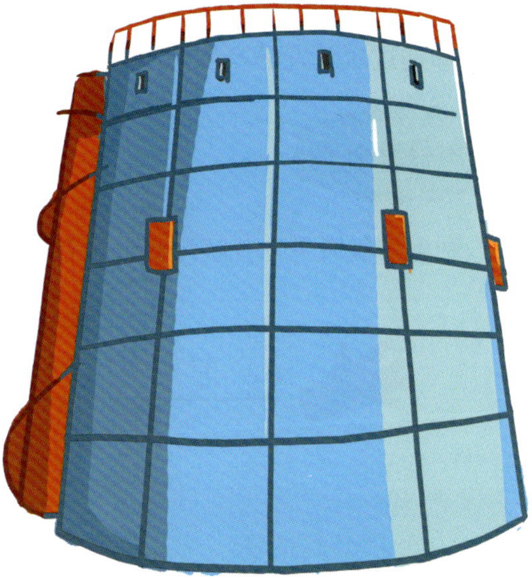

牛粪可用蚯蚓处理，蚯蚓粪便可做有机肥；牛粪经过发酵可做蘑菇种植的原料；牛粪经干燥处理可制成垫料；通过水生植物处理后也可用于养鱼。

污水的处理

固液分离

牛场的粪尿及管理用水混合形成液粪。液粪经过固液分离可以减少污水中固形物含量。人工清粪方式的牛舍，地面的粪尿及污水通过排尿沟经过沉淀池、排污管道流到舍外排污管道，完成固液分离，污水经地下排水管道排入污水池，而固体粪便则可加工为有机肥料等。水冲清粪方式的粪水采用固液分离机进行固液分离，效率较高。